Lazreg Abdelaziz

L'étude de la germination des graines d'Arganier

Lazreg Abdelaziz

L'étude de la germination des graines d'Arganier

L'étude de la germination a la région de naama

Presses Académiques Francophones

Impressum / Mentions légales
Bibliografische Information der Deutschen Nationalbibliothek: Die Deutsche Nationalbibliothek verzeichnet diese Publikation in der Deutschen Nationalbibliografie; detaillierte bibliografische Daten sind im Internet über http://dnb.d-nb.de abrufbar.
Alle in diesem Buch genannten Marken und Produktnamen unterliegen warenzeichen-, marken- oder patentrechtlichem Schutz bzw. sind Warenzeichen oder eingetragene Warenzeichen der jeweiligen Inhaber. Die Wiedergabe von Marken, Produktnamen, Gebrauchsnamen, Handelsnamen, Warenbezeichnungen u.s.w. in diesem Werk berechtigt auch ohne besondere Kennzeichnung nicht zu der Annahme, dass solche Namen im Sinne der Warenzeichen- und Markenschutzgesetzgebung als frei zu betrachten wären und daher von jedermann benutzt werden dürften.

Information bibliographique publiée par la Deutsche Nationalbibliothek: La Deutsche Nationalbibliothek inscrit cette publication à la Deutsche Nationalbibliografie; des données bibliographiques détaillées sont disponibles sur internet à l'adresse http://dnb.d-nb.de.
Toutes marques et noms de produits mentionnés dans ce livre demeurent sous la protection des marques, des marques déposées et des brevets, et sont des marques ou des marques déposées de leurs détenteurs respectifs. L'utilisation des marques, noms de produits, noms communs, noms commerciaux, descriptions de produits, etc, même sans qu'ils soient mentionnés de façon particulière dans ce livre ne signifie en aucune façon que ces noms peuvent être utilisés sans restriction à l'égard de la législation pour la protection des marques et des marques déposées et pourraient donc être utilisés par quiconque.

Coverbild / Photo de couverture: www.ingimage.com

Verlag / Editeur:
Presses Académiques Francophones
ist ein Imprint der / est une marque déposée de
OmniScriptum GmbH & Co. KG
Heinrich-Böcking-Str. 6-8, 66121 Saarbrücken, Deutschland / Allemagne
Email: info@presses-academiques.com

Herstellung: siehe letzte Seite /
Impression: voir la dernière page
ISBN: 978-3-8381-7414-3

INTRODUCTION GENERALE

Introduction générale :

L'Arganier (*Argania spinosa* (L.) Skeels), également appelé argan et « arbre de fer » est une essence ligneuse appartenant à la famille des Sapotaceae. Elle est endémique de l'Algérie (région de Tindouf) et du Maroc (région du sud- ouest, en particulier la plaine du Souss). Au sud de ces deux pays maghrébins, l'arganier constitue, le dernier rempart contre la désertification. Arbre forestier à rôle écologique, luttant contre l'érosion des sols et fourrager, alimentant les troupeaux de caprins. Il est également fruitier. C'est une source primordiale pour les populations rurales des espaces semi-arides et arides de l'Algérie. On extrait de son fruit, notamment de son amandon l'huile d'argan, réputée mondialement pour ses qualités diététiques et cosmétiques.

Malheureusement, la vulnérabilité de cet écosystème et la multitude des pressions qui s'y exercent et qui dépassent largement ses possibilités productives, contrarient la pérennité de l'arganeraie en déclin continue. Cette menace d'extinction est une préoccupation majeure aussi bien pour la population locale que pour les scientifiques. On assiste en effet depuis plusieurs années à une diminution du couvert arboré, à la fois en surface occupée et en densité d'arbres. Les efforts doivent être multipliés pour reconstituer artificiellement et sauvegarder ce patrimoine national et mondial à la fois.

Compte tenu de l'importance de cette essence et des multiples utilisations de ses composantes, plusieurs travaux de recherche ont effectués avec pour but l'amélioration et la préservation d'*Argania spinosa*. En Algérie, l'arganier connaîtces dernières années un nouvel essor, la population riveraine ainsi que la conservation des forêts ont commencé à s'intéresser à cette essence. Le développement de l'arganier dans la région de Tindouf, par des boisements et de la création d'une pépinière pour la production de plants d'arganier, font partie des mesures retenues au titre d'une ambitieuse opération de valorisation et de préservation de cet arbre saharien.

Le présent travail donne un aperçu sur les meilleures méthodes de germination de graine d'arganier. Il a pour objectif principal l'évaluation de taux de germination des graines d'*Argania spinosa* dans la région de NAAMA. À travers ce travail, nous s'intéressons dans un premier temps à donner quelques connaissances bibliographiques concernant l'arganier, ses rôles, ainsi que les différentes voies de sa régénération et les principaux agents responsables de la régression de l'espèce. Par la suite la germination. Le volet expérimental au troisième chapitre. Dans laquelle, nous avons présenté le matériel utilisé ainsi que la méthodologie adoptée, sur le terrain et au laboratoire. Dans le dernier chapitre, les résultats obtenus sont analysés et discutés, avec des conclusions partielles et une générale.

PRESENTATION DE L'ARGANIER

L'arganier c'est un arbre intéresse le botaniste à un double point de vue. Comme la plupart des Sapotaceae, l'arganier est un arbre qui a une importance économique. Il fournit un bois, mais surtout l'huile d'Argan retirée des graines et que les habitants des pays où pousse l'arganier apprécient beaucoup. L'arganier est encore extrêmement intéressant du point de vue phytogéographique. En effet, les Sapotaceae sont des végétaux tropicaux ou subtropicaux. Elles manquent dans toute l'Europe et en Afrique.

1. ASPECT HISTORIQUE:

L'arganier (*Argania spinosa L.*) est une espèce endémique marocaine qui est apparue depuis le Tertiaire (période tropicale) à l'époque où il existait une connexion entre la côte marocaine et les îles Canaries ; faisant partie d'un Genre monotype Argania, de la Famille des Sapotaceae, connue depuis le Crétacé supérieur et de laquelle elle s'est isolée géographiquement. Au Quaternaire, et suite aux changements climatiques et à l'assèchement du climat et la prédominance de celui du type méditerranéen et encore suite aux glaciations quaternaires qui se sont traduites par des précipitations importantes en Afrique du Nord, dont le Maroc, ont refoulé l'arganier vers le Sud-Ouest, comme cela a été déjà précisé. En plus du SW correspondant à l'air naturel la plus vaste à arganier (**EMBERGER L., 1924**), l'essence apparaît en petites colonies dans la vallée de l'Oued Grou (région de Roummani) et très au Nord près de la côte méditerranéenne dans les Beni Snassen.

L'arbre est très anciennement connu et utilisé par l'homme puisque les phéniciens, au Xème siècle, auraient utilisé l'huile qu'il produit dans leur comptoir installé le long de la côte atlantique.

En 1219, IBN AL BAYTHAR, médecin égyptien, décrit dans son ouvrage «traité des simples » l'arbre et la technique d'extraction de l'huile (**RIEUF P., 1962**).

En 1515, Jean Léon l'Africain (HASSAN BEN MOHAMMED AL OUAZZAN) parle des arbres épineux des forêts des Haha qui produisent un fruit appelé " argane " d'où est extraite une huile à très mauvaise odeur servant pour l'alimentation et l'éclairage.

En 1737, Linné, à partir seulement de rameaux séchés et sans fleur, donne la description spécifique dans son «Hortus cliffortianus » sous le nom de *Sideroxylon spinosum* (L.) du genre Rhammus (Sapotacée).

SCHOUSBOE, consul danois au Maroc en 1791, publie ses observations sur la flore marocaine et en particulier sur l'arganier en 1801. De nombreux auteurs reprendront ses écrits et complètent sa description de l'arbre (CORREA DE SERRA (1806), DE CANDOLLE (1844), le VICONTE DE NOE (1853) et ENGLER (1897)).HOOKER, en 1878, décrit par ailleurs le mode d'obtention de l'huile (**M'HIRIT O. et al., 1998**).

PRESENTATION DE L'ARGANIER

En 1924, le « secteur » de l'arganier est cité par **BRAUN – BLANQUET J.** et **MAIRE R.** dans leurs études sur la végétation et la flore marocaine. La même année, EMBERGER fait connaître l'existence d'arganiers dans la haute vallée de l'Oued Grou entre Tedders et Rommani. Découvrant un autre îlot d'arganiers sur le versant Nord du massif montagneux des Beni Snassen au Nord d'Oujda, il précise en 1925 l'extension ancienne de l'espèce.

MONNIER Y., 1965 montres déjà que l'exploitation abusive et le défrichement sont les deux principaux dangers qui guettent l'arganier.

2. ORIGINE ET AIRE DE REPARTITION :

L'arganier (*Argania spinosa* (L).SKEELS) est originaire de l'Afrique du Nord (**BOUDY, 1952**). On le trouve principalement en Maroc et en Algérie. C'est une essence connue depuis des siècles par les populations berbères de sud-ouest marocain (**BENZYANE, 1995**).

L'Arganier pousse depuis le niveau de la mer jusqu'aux environs de 1500 m d'altitude. On le trouve dans des zones où la pluviométrie est très variable (annuellement et inter -annuellement).

2.1 En Maroc :

L'arganier occupe environ 830 000 ha (**M'HIRIT et *al*. 1998**) dans le Sud-ouest marocain. Il est la deuxième essence forestière marocaine par la superficie après le chêne vert (**PUMAREDA et *al*, 2006**). Il constitue l'espèce la plus septentrional. Il se localise essentiellement dans le sud-ouest du Maroc, le long du littoral océanique, depuis l'embouchure de l'oued Tensift au Nord, jusqu'à l'embouchure de l'oued Drâa au sud.

L'arganier se développe aussi dans la plaine du Souss, sur le versant sud du Haut-Atlas occidental et sur les versants septentrionaux et méridionaux de l'Anti- Atlas occidental jusqu'à des altitudes de 1300-1500 m. Deux petites stations sont signalées dans la haute vallée de l'oued Grou au sud-est de Rabat et dans le piémont nord-ouest des Béni-Snassen, près d'Oujda. Ces deux stations, très isolées, résulteraient d'une dispersion assez récente, probablement par l'homme (**MSANDA et *al*, 2005**).

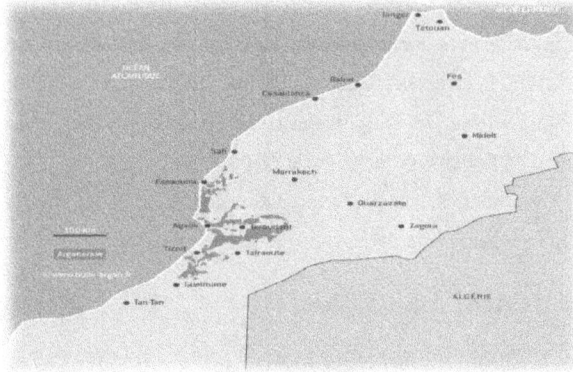

Figure 1 : Aire de répartition de l'arganier au Maroc (D'après **MSANDA et al, 2005**)

2.2 En Algérie :

Son aire de répartition géographique couvre un territoire relativement important dans la région d'Oued Draâ à l'extrémité de la wilaya de Tindouf, les monts de Beni Snassen et à l'ouest de l'Algérie dans l'Oued el Ma (Tindouf 28° N, 8° W) et il existe quelque sujet à Stidia au plateau de Mostaganem, une à Mascara. Aujourd'hui, on en trouve à Baïnem (Alger) et à l'Université de technologie d'Oran (USTO), mais en laboratoire. (**MILAGH, 2007**).

Dans la wilaya de Tindouf cette espèce constitue la deuxième essence forestière après l'*Acacia raddiana*. Il forme dans ce territoire (Hamada de Tindouf), des populations dispersées, regroupées selon un mode contracté, le long des berges des oueds où il trouve les compensations hydriques nécessaires. L'Arganeraie de Tindouf formait, probablement, à l'origine une même unité écologique avec celle du Maroc qui couvrait de vastes territoires (**BENKHEIR, 2009**).

Le premier sujet de l'arganier se trouve dans la zone de " Touaref Bouam" puis en allant vers " l'Oued Bouam", le nombre de sujets s'amplifie jusqu'â attendre une moyenne de 7 à 20 pieds à l'hectare sur une surface d'environ 200 hectare (**SADI, 1997 In HAMIANI et BELAROUG, 2003**). Le même auteur signale que le nombre d'arbre diminue remarquablement en allant vers la région de "Kereb El Hamada".

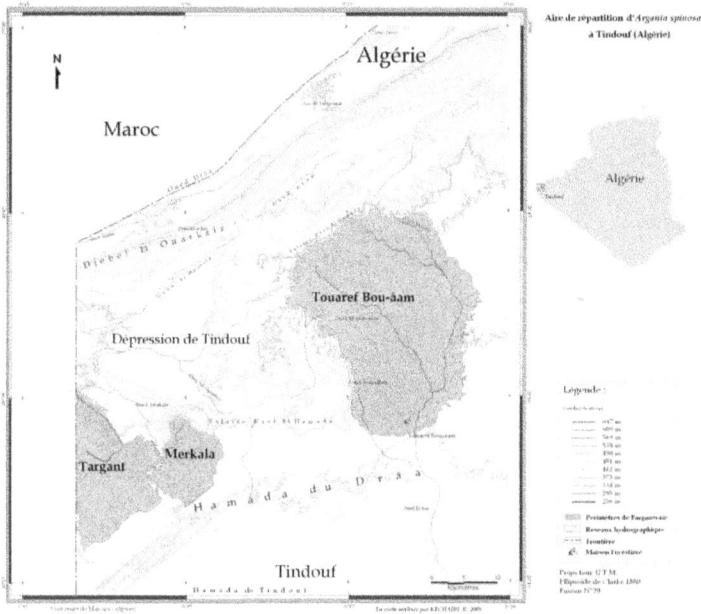

Figure 2 : Aire de répartition de l'arganier en Algérie (D'après **KCHAIRI, 2009**).

3. AIRE D'ACCLIMATIONS :

Des nombreux essais d'introduction ont été faits, notamment en Algérie, en Egypte, en Palestine en Tunisie. On trouve aussi des spécimens mal développés dans quelques arboretums de la Côte-d'Azur, comme à la Villa Thuret à Antibes. Dans l'ensemble, les résultats obtenus ne semblent pas en faveur d'une extension artificielle de l'aire actuelle. A notre connaissance, il ne subsiste que peu d'exemplaires des essais qui ont été faits dans le passé. Dans la région d'Oran, en Algérie, une quarantaine de sujets avaient été introduits vers 1960 près de la maison forestière de La Stidia à trois kilomètres de Mostaganem, sur dunes fixées à *Juniperus phoenicea* (**BAUMER et ZERAIA, 1999**).

De se fait la répartition mondiale de l'Arganier reste limité seulement au Maroc étude partie de l'Algérie comme le montre la carte ci-dessus.

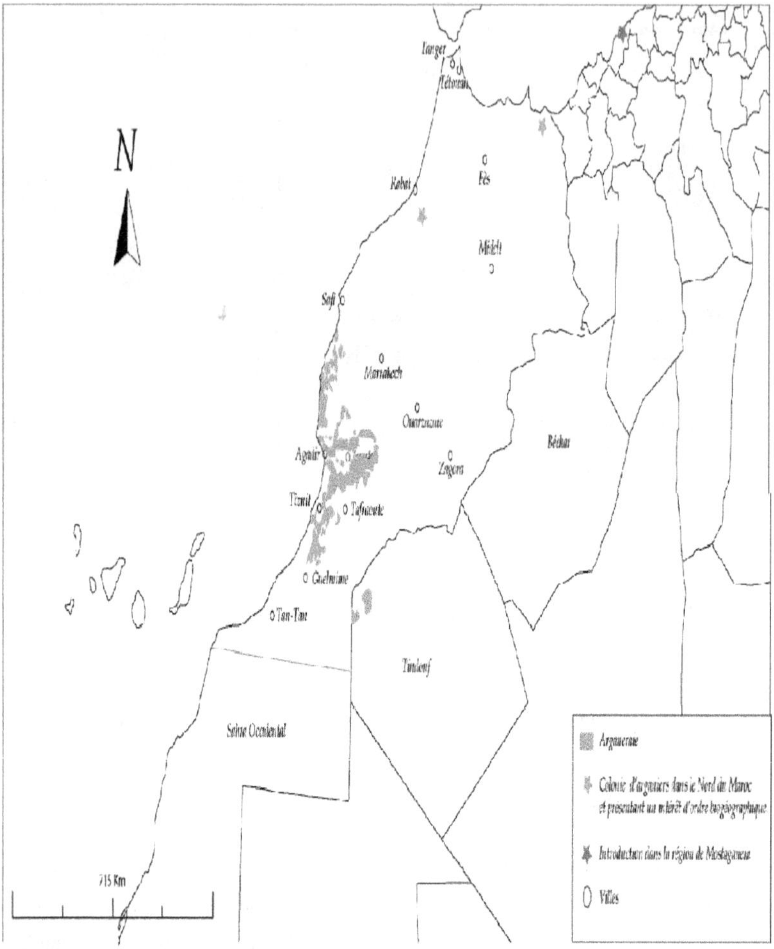

Figure 3 : Répartition mondiale de l'Arganier **(site web1)**

4. CARACTERISTIQUES BOTANIQUES DE L'ARGANIER :

PRESENTATION DE L'ARGANIER

4. 1 Nomenclature :

Arganier en français, the Argan tree en anglais, die Aganie en allemand, et Argan en berbère ; qui désigne le noyau en bois dur du fruit de l'arbre, (**BOUDY, 1952**).

L'arganier (*Argania spinosa L.* Skeels) espèce endémique du Maroc et de l'Algérie, appartient à la famille des Sapotaceae qui renferme environ 600 espèces et 40 genres. C'est le représentant le plus septentrional d'une famille essentiellement tropicale (**RADI, 2003**).

4. 2 Taxonomie :

La systématique de l'arganier selon **RADI** (2003), **M'HIRIT & *al*** (1998) est comme suit :

Embranchement : Phanérogame.

Sous embranchement : Angiospermes.

Classe : Dicotylédones.

Sous classe : Gamopétales.

Ordre : Ebénales.

Famille : Sapotaceae.

Genre : Argania.

Espèce : *Argania Spinosa* L.

L'arganier (*Argania spinosa* L. Skeels) appartient aux Sapotaceae, une famille tropicale   et subtropicale qui englobe 600 espèces environ, reparties en une cinquantaine de genres (**EMBERGER, 1960**). L'espèce constitue l'unique représentant septentrional de cette famille dans la région méditerranéenne.

4.3 Caractéristiques botaniques et dendrologiques :

L'Arganier est un arbre forestier, fruitier et fourrager d'une grandeur ayant vaguement l'allure d'un olivier, d'une taille qui peut atteindre 8 à 10 mètres de hauteur (en moyenne 6 mètre). Le tronc de cette espèce est court 2 à 3 mètre), d'un diamètre de 0.30 à 0.40 m, formé fréquemment de plusieurs tiges enroulées, avec un aubier de couleur jaune claire, la cime est dense, arrondie aux rameaux épineux (**BOUDY, 1952**).

Photo 1 : Arbre d'*Argania Spinosa* (Cliché MAHMOUDI, 2013)

Selon **BOUDY** (1950), l'arganier est qualifié d'arbre de troisième grandeur, il peut atteindre 8 à 10 mètres de hauteur. Le tronc, souvent court, est constitué par plusieurs tiges entrelacées provenant de la soudure de rejets très voisins ou de tiges issues d'un même noyau. La cime, dense et arrondie, développe des rameaux épineux sur lesquels s'épanouissent d'abondantes fructifications.

L'écorce du fût et des grosses branches est rigoureuse et présente un aspect du type « peau de serpent » (**M'HIRIT** et *al.* **1996**).

Figure 4 : lécorce d'Argania Spinosa (Site Web 2)

Les feuilles sont souvent fasciculées, entières, lancéolées ou spatulées, plus ou moins pétiolées. Elles sont de couleur verte sombre à la face supérieure, plus claire en dessous.

Le feuillage est persistant.

Photo02 : les feuilles d'Argania Spinosa (**Cliché MAHMOUDI, 2013**)

Cependant, en cas de sécheresse sévère ou prolongée, les arganiers sont amenés à se dépouiller de leurs feuilles pour résister à l'évaporation et recommencent à bourgeonner et à débourrer plusieurs semaines parfois avant la reprise de la saison des pluies (**EMBERGER, 1960**). Ceci montre le phénomène d'adaptation de l'espèce à des conditions hostiles d'existence.

Selon **ZAHIDI** (1994), l'arganier présente deux types de feuilles à savoir :

-Les feuilles simples portées par les rameaux jeunes; elles sont pérennes dans une grande proportion et ne tombent que sous l'effet d'une sécheresse prolongée quand l'arbre se dégarnit complètement.

-Les feuilles groupées portées par les rameaux âgés sont caduques.

L'arganier une espèce monoïque à fleurs hermaphrodites qui apparaissent au début du printemps en petites glomérules axillaires. Le calice et la corolle, respectivement, sont constitués de cinq sépales et de cinq pétales. L'androcée est formé de cinq étamines à filets courts. L'ovaire ovoïde, surmonté d'un style conique ne renferme que deux ou trois carpelles uniovulés (**BOUDY, 1952**).

Le fruit de l'arganier est une baie sessile formée d'un péricarpe charnu ou pulpe et d'un "pseudo endocarpe" ou noyau, où sont incluses les graines qui sont généralement soudées et leur nombre varie de une à plusieurs par noyau (**BOUDY, 1950**).

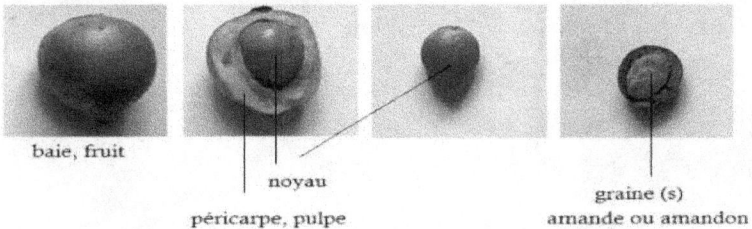

Figure 05 : les parties du fruit de l'arganier (site web 1)

Selon la forme et la dimension, six types de fruits ont été distingués: fusiforme, ovale, ovale apiculée, goutte, arrondie, globuleuse (**EMBERGER, 1960**). D'où une variabilité génétique qui peut être valorisée dans le repeuplement de l'espèce.

Photo 03 : fruits d'*Argania Spinosa* (cliché **ABDELLALI ; 2013**)

L'enracinement est très développé, mais surtout traçant, en raison de la nature superficielle des terrains calcaires sur lesquels l'arbre pousse en général (**BOUDY, 1950.**)

Photo 04 : l'enracinement d'*Argania Spinosa* (cliché **BELHIA; 2013**)

4.4 Caractéristiques biologiques :

4.4.1 Longévité :

L'âge de l'arganier ne peut être estimé qu'approximativement en raison de la croissance irrégulière du bois, les cernes d'ailleurs peu variables correspondent à des périodes de végétation et non à des années (**NOUIM et al, 1991**). On a pu néanmoins constater, dés maintenant, par la marches des accroissements et des circonférences, que l'âge des arganiers était beaucoup moins élevé qu'on aurait pu le supposer et qu'il ne devait pas dépasser 250 ans ; celui de l'arbre moyen de 0.35m à 0.40m de diamètre, varie sensiblement de 125 à 150 ans, âge après lequel l'arbre ne s'accroit plus. (**BOUBY, 1950**).

4.4.2 L'accroissement :

En circonférence, l'accroissement moyen de diamètre du tronc dans les premières années varie de 1.5 à 2 cm par an. Dans les zones déshéritées, il ne serait plus que de 0.5 à 0.7cm. Après 30 ans l'accroissement est approximativement de 0.7cm/an (**BOUDY, 1952**). Le même auteur signale que l'arganier s'accroit en moyenne en hauteur, dans les premières années, de 0.2m à 0.3m par an et atteint sa taille de 6 à 7mètre vers 30 ans.

5. L'ECOLOGIE DE L'ARGANIER :

L'arganier est une espèce thermoxérorophyles dont l'aire de sa répartition chevauche à la fois avec les bioclimats semi arides et arides. En outre l'arganier supporte convenablement les températures élevées et s'adapte aux périodes de sécheresse prolongées, grâce à sa faculté de défoliation (**PELTIER, 1982**). Son tempérament est exceptionnellement robuste et admirablement adapté aux conditions difficiles. Il n'a pas difficulté colonisatrice (**BOUDY, 1950**).

Les exigences écologiques de l'arganier sont :

5.1 La pluviométrie :

PRESENTATION DE L'ARGANIER

BOUDY (1952) signale que, l'arganier se présente comme l'essence la plus plastique de l'Afrique du nord vis à vis de la pluviométrie. L'idéale pluviométrique pour l'arganier atteint 400 à 500mm par an, cependant, 120 mm par an semble suffisante pour son développement dans certaines régions (**NOUAIM et *al.*, 1991**). Dans les conditions où les précipitations sont largement inférieures à 100 mm l'arganier ne se localise plus que le long des cours d'eau temporaires où il utilise les eaux de ruissellement (**MSANDA et *al.*, 2005**).

L'Arganier est ainsi un arbre thermophile et xérophile, de bioclimat aride-chaud et tempéré (le long du littoral et dans les plaines), à semi-aride chaud et tempéré (flancs du Haut Atlas et de l'Anti-Atlas), voire saharien plus au sud.

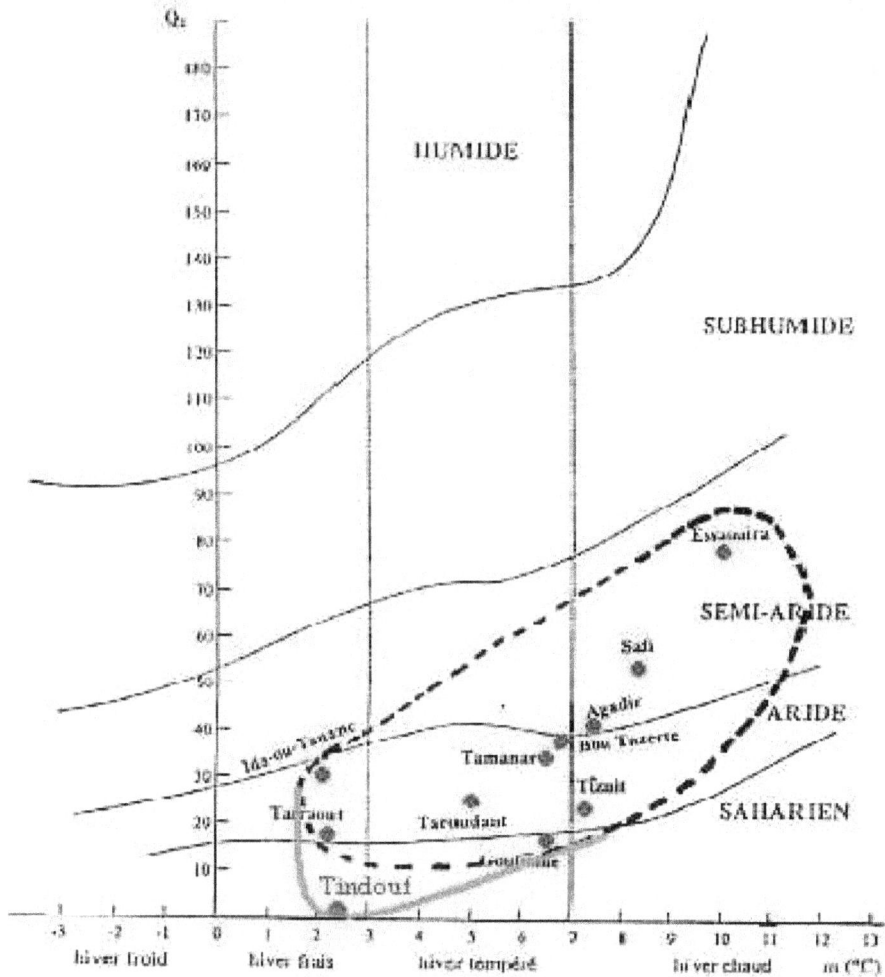

Figure 6: Aire bioclimatique de l'arganier au Maroc et en Algérie (région de Tindouf) (D'après
AKA COUTOUA, 2006 et **KECHAIRI, 2009**).

5.2 La température :

L'arganier est un arbre thermophile et xérophile. Il peut supporter des températures élevées et
prolongées, régulièrement de plus de 50° C (**NOUAIM et al. 1991**), alors qu'il ne serait résister que
d'une façon exceptionnelle à des températures inférieur à 0° C et encore pour une courte durée.
(**BOUDY, 1950**).

5.3 L'altitude :

De point de vue altitude l'arganier descend jusqu'au niveau de la mer ; quant à sa limite supérieure elle se confond avec celle des plus basses neiges (**NOUAIM et al, 1991**). Elle correspond à 1300m dans l'Anti-Atlas et 900m dans le haut atlas (**PELTIER, 1982**).

5.4 Humidité de l'aire :

L'arganier a besoin d'un certain degré hygrométrique de l'aire, d'où il ne peut vivre qu'au-dessus d'une température déterminée à la faveur de l'humidité du littoral (**ALCAN et LOUIS, 1912 ; VICTORE, 1917**). Selon **NOUAIM et CHAUSSOD**, (1992) l'arganier ne s'installe que faiblement vers l'intérieur, au-delà de 150 kilomètre de l'océan atlantique, justifiant ainsi que l'humidité atmosphérique semble être un paramètre clé de l'écologie de cette espèce.

5.5 Le facteur édaphique :

L'Arganier n'a aucune exigence vis à vis de la nature physico-chimique du substrat. Il se développe sur les substrats les plus variés à l'origine de nombreux types de sols : colluviaux, alluviaux, bruns, châtains, etc. (**GHANEM, 1974 ; EL ABOUDI et al, 1992; MSANDA, 1993**) Il est cependant exclu des sables mobiles profonds. Il peut pousser également sur des sols squelettiques très pauvres et même légèrement salé.

De plus le semi de graines sur des sols à différents PH (de 4.6 à 7.5) a montré que l'arganier est indifférent au PH du sol (**NOUAIM, 1995**).

De point de vue géologique, une grande partie des l'Arganeraies repose sur les calcaires du crétacé (inférieur ou supérieur), mais elle s'étend aussi sur les alluvions quaternaires. Alors que tous les peuplements de l'Anti-Atlas sont sur schiste primaires, particulièrement pauvre (**BOUDY, 1950**). A Tindouf, l'arganier pousse sur des alluvions du quaternaire (**BOUGHANEM, 1998**).

6. IMPORTANCE DE L'ARGANIER :

L'arganier est une plante à multi usages. Chaque partie ou produit de l'arbre est utilisable et est une source de revenu ou de nourriture. Cette essence ligneuse a des propriétés écologiques et physiologiques : elle est très rustique et résistante à l'aridité. Dans les régions arides et semi-arides où il pousse, l'arganier est quasiment irremplaçable dans la conservation des sols et des pâturages et pour la lutte contre l'érosion et la désertification. C'est un arbre qui joue un rôle capital dans la fertilisation des sols. Parmi les fonctions primordiales que remplit l'arganier nous citerons ses fonctions socio-économiques et environnementales.

6.1 Rôle socio- économique :

PRESENTATION DE L'ARGANIER

L'arganier est un arbre qui offre de nombreux produits de grande importance pour l'économie Algérienne et ça malgré la rareté des pluies et le problème de l'aridité dans les régions d'implantation

6.2 Production de l'huile et de ses dérivés :

De l'amande contenue dans le fruit de l'arganier, les paysannes tirent ensuite une huile, utilisée traditionnellement pour l'alimentation, et même autrefois pour l'éclairage. Cette huile artisanale est produite tout au long de l'année au fur et à mesure des besoins (on ne peut la stocker). Les rendements restent faibles, puisque tournant aux alentours de 3% du poids sec, ce qui permet d'obtenir en moyenne 3 litres à partir de 100 kg de fruits secs. La production d'huile d'argan avoisine ainsi les 15 litres par ha (**BENCHAKROUN** *et al*, **1989**).

L'huile extraite est non seulement comestible et d'un goût agréable, mais elle possède des propriétés diététiques très intéressantes.

L'huile d'argan est devenue l'une des huiles comestibles les plus chères dans le monde. Elle est encore plus chère comme produit cosmétique et est le sujet de plusieurs brevets cosmétiques aux États-Unis et en Europe. Cette huile, qui a été une source de revenu des habitants de sud-ouest du Maroc pendant des siècles, a connu un regain d'intérêt avec les diverses découvertes de ses vertus culinaires, cosmétiques et même médicinales (**BAMOUH, 2009**).

L'analyse de la composition chimique de l'huile d'argan a mis en évidence la richesse de celle-ci en acides gras insaturés 78,36 %, une teneur moyenne en acide oléique de 46,67%, et en acide linoléique de 31,49%. Les acides gras saturés à 21,63% sont représentés essentiellement par l'acide palmitique à 15,75% et l'acide stéarique à 5,48% (**DEBBOU, 2003 in KCHAIRI, 2009**).

6.3 Production du bois :

L'arganier fournit un bois pour la fabrication d'objets d'exploitation familiale (charrues, outils, ustensiles) et ses perches conviennent pour la construction des habitations. Aussi son bois permet de produire un excellent charbon avec un rendement élevé, un quintal par stère (**ALEXANDRE, 1985**). Le bois d'arganier, comme celui des autres sapotacées, est très lourd, solide, d'une coloration souvent foncée, grisâtre (**KENNY, 2007**). Il a une densité de 0,9 à 1 et une charge de rupture de 1250 à 1500 kg/cm2 (**BENZYANE, 1989**). Pour ses caractéristiques de dureté, le bois d'arganier s'appelle le bois du fer, néanmoins selon **BAUMER** *et al.* (1999), ce bois est impropre à la menuiserie.

Photo 05 : le bois d'*argania spinosa* (conservation des forêts de Tindouf)

6.4 Production pastorale :

L'arganeraie fournit d'abord un terrain de parcours pour les troupeaux, en fait, le seul disponible localement, et qui, dans le cadre d'une gestion équilibrée, peut procurer en moyenne à l'hectare une quantité d'unités fourragères de 300 U.F. pour ce qui est de la strate herbacée, auxquelles il convient d'ajouter quelque 1 00 U.F. apportées par le feuillage (**BENCHAKROUN** et *al*, **1989**).

Durant les années de sécheresse, les animaux locaux ainsi que les immenses troupeaux venant du sahara sont sauvés par l'arganeraie. Plus de la moitié de l'effectif de cheptel est constituée de chèvres, auxquelles l'arganier fournit une sorte de pâturage aérien. Avec les moutons et les chameaux, qui broutent respectivement les rejets et les jeunes pousses, s'établit ainsi une sorte de partage vertical de la biomasse (**BENCHAKROUN** et *al*, **1989**). Les feuilles d'arganier sont très appréciées par les caprins et les camelins, représentant ainsi

La principale ressource fourragère en période de sécheresse. De plus, sous l'arbre pousse un tapis herbacé où le cheptel tire une grande partie de sa nourriture (**ERROUATI, 2005**). La pulpe de fruit de l'arganier, est une source importante d'alimentation aux bétails par sa richesse en éléments nutritifs.

6.5 Rôle écologique :

Outre les fonctions et les usages cités, il en est un autre rôle vital, c'est la protection du sol et de l'environnement. L'arganeraie constitue un rempart contre la progression du désert. L'arganier s'y maintient non seulement grâce à sa rusticité et à sa résistance à l'aridité, mais aussi grâce à sa grande variabilité génétique. Cette plante ligneuse protège le sol par l'ombre portée de sa cime dense dans les régions subdésertiques où l'ennemi principal de la végétation est la sécheresse et la dessiccation solaire. D'un autre coté, l'arganeraie assure la protection du sol contre l'érosion éolienne et contre le ruissellement favorisant ainsi l'infiltration des eaux de pluies qui alimentent les nappes phréatiques (**BENHAMMOU, 2007**).

Il est important de signaler également que l'arganier est considéré dans les régions de l'extrême sud comme une ceinture verte contre la désertification. De ce fait, la destruction de cet écosystème entraînerait incontestablement une désertification accrue et une forte pauvreté dans ces régions.

7. LA REGENERATION DE L'ARGANIER :

L'Arganier peut se régénérer naturellement par graines (germination) ou par rejets de souche. Le reboisement (régénération artificielle) est utilisé pour pallier à une absence ou déficience de la régénération naturelle (**BENKHEIRA, 2009**).

7.1 La régénération naturelle :

La régénération par germination naturelle se fait par le biais des graines qui tombent sur le sol. Cette régénération nécessite, bien entendu, des conditions écologiques (climat et sol) appropriées pour la germination des graines. Par contre, l'installation des jeunes pousses, nécessite la présence d'une strate sous-ligneuse pour assurer leur protection et leur développement.

Au niveau de son aire de répartition, l'arganier semble souffrir d'une absence quasi-totale de régénération naturelle sauf dans de très rares endroits localisés en bordure de cours d'eau, semblant profiter d'un maximum d'humidité (BENKHEIRA, **2009**).

Le ramassage systématique des fruits, le surpâturage aérien par la chèvre et les modes d'utilisation du sol, sont à l'origine du vieillissement des peuplements et de l'handicape chronique de la régénération naturelle (**BELGHAZI** et *al*, **2011**). Selon **KCHAIRI** (2009), la régénération naturelle au sein de l'arganeraie de Tindouf est assurée par les rejets de souche (drageons et rejets de racines). D'après **M'HIRIT**

(1989), ce mode de régénération donne d'excellents résultats au Maroc; cependant, il est fonction de l'âge de la souche et de sa capacité à rejeter et gagnerait à être complétée le plus souvent par des plantations.

7.2 La régénération artificielle :

Afin de pallier les inconvénients de la régénération naturelle citée en haut, les gestionnaires des forêts ont eu recours depuis plusieurs années à la régénération artificielle par plantation suivant un programme ambitieux. Cependant, beaucoup de difficultés ont été enregistrés suite aux taux de reprise des plants sur le terrain qui restent en générale très modiques (**BELGHAZI** et *al*, **2011**).

D'après certains auteurs (**MOKHTARI, 2002 ET MILOUDI, 2006**), le pouvoir germinatif des graines d'arganier varie selon la date de récolte et l'état physiologique des semences. En revanche, la germination est facilitée par un pré-trempage des graines à l'eau pendant 4 jours. Ce traitement permet d'obtenir des pourcentages de germination élevés, dépassant les 80% (**KECHAIRI** et **LAKHDARI, 2002** et **MILOUDI, 2006**).

La mycorhization des jeunes germinations est très recommandées en pépinière. Elle est bénéfique non seulement pour améliorer la croissance des jeunes sujets, mais aussi pour avoir une bonne reprise lors de la plantation et une meilleure résistance vis-à-vis des agents pathogènes. Selon **NOUAIM** et **CHAUSSOD** (1994), la longueur moyenne des plantules inoculées par des mycorhizes est 3 à 4 fois supérieure à celle des témoins et ça à l'âge de six mois de croissance.

7.2.1 Les différentes méthodes de régénération artificielle :

7.2.1.1 Par semis :

La régénération par semis a été essayée à plusieurs reprises par les services des Eaux et Forêts, mais sans grand succès (**HARROUNI** *et al.* **1995**). La germination et l'élevage des plants en pépinière ne posent pas de problèmes techniques, mais, la réussite de la transplantation est très faible.

Une étude faite par **HARROUNI** et **COLLABORATEURS** en 1995, a montré que le taux de reprise dépend des régimes hydriques en démontrant que l'irrigation continue à l'humidité à la capacité au champ, pouvait engendrer 50% de reprise au niveau des plants transplantés.

7.2.1.2 Par bouturage :

Le bouturage est une technique qui consiste à prélever une partie de plante (tige, feuille, racine) et de la mettre dans des conditions particulières pour qu'elle produise des racines et reconstituer ensuite un plant en conformité génétique avec le pied-mère.

Les premières tentatives de multiplication végétatives ont été entreprises par **PLATTBORZE** (1976) mais, sans succès car le pourcentage d'enracinement ne dépassait pas 16% chez des boutures prélevées sur des pieds adultes. En 1998 **KAAYA** a recommandé l'utilisation de jeunes rameaux verts dans des conditions de propreté rigoureuses pour éviter l'attaque des boutures par les champignons particulièrement *Fusarium spp.*

7.2.1.3 Par greffage :

Le greffage est un processus qui consiste à rassembler les performances de deux sujets le greffon et le porte greffe. L'opération doit aboutir à la connexion des systèmes vasculaires (xylème et phloème) des deux symbiotes.

Le greffage, s'adapte à l'arganier beaucoup mieux que le bouturage et le marcottage car, en plus de sa faisabilité pour conserver les performances des greffons (clones sélectionnés), il permet de garder les avantages du porte greffe (racines longues permettant à l'arganier d'épuiser l'eau en profondeur) (**MOKHTARI, 2002**).

Les types de greffes qui ont été essayés sur l'arganier sont l'écussonnage, la perforation latérale et apicale, la fente apicale, la greffe par approche simple ou compliquée. La greffe en fente apicale simple et le greffe par perforation apicale ou perforation latérale sont les plus faciles et donnent les meilleurs résultats (**MOKHTARI, 2002**).

Les autres types de greffe se dessèchent ou se décollent. Pour le greffage sur pied, seule le greffage par approche offre des possibilités de greffage, les autres méthodes nécessitent encore des recherches pour leur mise au point. Le dessèchement constitue le principal problème pour le greffage sur pied (**MOKHTARI, 2002**).

La multiplication végétative est également utilisée pour propager l'arganier. **MOKHTARI** (2002) rapporte que la multiplication d'argan par le bouturage donne des résultats satisfaisants. C'est une voie qui assure la conformité génétique des individus produits. D'un autre coté, **MANGIN** (1990) signale que la multiplication in vitro d'*Argania spinosa* à partir de pieds mère ne pose aucun problème. Elle a permis d'obtenir un grand nombre de plants génétiquement contrôlés.

PRESENTATION DE L'ARGANIER

8. SYNTHESES :

L'Arganier est un arbre des bioclimats Semi-aride chaud et à aride chaud et tempéré voire saharien. Les précipitations annuelles sont comprises entre 150 et 400 mm. Il peut aussi pousser dans les zones où les précipitations sont largement au-dessous des 100 mm. Mais il est lié dans ce dernier cas, aux cours d'eau temporaires où il utilise les eaux de ruissellement. Il ne faut cependant pas perdre de vue que le régime pluviométrique du climat méditerranéen se caractérise par la très grande variabilité des précipitations où alternent des séries sèches et des séries humides. La variabilité exprime mieux que les valeurs moyennes – paramètres très aléatoires – les conditions auxquelles sont soumis les végétaux et constitue une contrainte majeure à l'exploitation des zones arides.

L'Arganier est bien adapté à ce type de climat : il possède un appareil racinaire particulièrement bien développé, supporte, sans dommage immédiat, des potentiels foliaires relativement bas et pratique la stratégie d'échappement, représentée par la chute estivale d'une partie (variable en quantité selon les individus) du feuillage (**EL ABOUDI, 1990 ; EL ABOUDI et al, 1991**).

Le secteur de l'Arganier s'individualise par ses particularités climatiques très adoucies par l'influence océanique. Il correspond à un domaine soumis à l'influence, une grande partie de l'année, particulièrement l'été, des alizés maritimes (**DELANNOY, 1996**).

Il se caractérise par la faiblesse des pluies véritables, associées à des bruines, une notable nébulosité par nuages bas, une très forte humidité relative (qui dépasse fréquemment 90% pendant de nombreux mois de l'année, surtout en été et automne). C'est à ces précipitations occultes que l'on attribue, sous de telles latitudes, la densité remarquable de la végétation et surtout la présence d'une importante couverture arborée (**PELTIER, 1982**). Les condensations que l'on observe sous les Arganiers sont importantes et à l'origine à l'ombre des arbres de micro écosystèmes à flore herbacée très originale.

Dans l'ensemble les faibles amplitudes thermiques diurnes et annuelles et un quasi permanence du vent sont aussi exigés. Tout comme les précipitations, les températures peuvent atteindre certaines années des valeurs maximales dépassant les 50°C ou bien descendre nettement au-dessous de 0° (-2.6°C à Agadir en novembre 1955).

Une large part de l'arganeraie relève de l'étage infra-méditerranéen (**BENABID, 1976**), mais cette Sapotacée se localise aussi très nettement au sein du thermo-méditerranéen (**PELTIER, 1986; EL ABOUDI et al, 1992; MSANDA, 1993**).

LA GERMINATION

1. Définition :

La germination est une période transitoire au cours de laquelle la graine qu'était à l'état de vie latente, manifeste une reprise des phénomènes de multiplication et d'allongement cellulaire (**DEYSSON ,1967**).

La germination correspond au passage de l'état de vie ralentie à l'état de vie active, que les réserves qui jusque l'assuraient le métabolisme résiduel de l'embryon vont être activement métabolisées pour assurer la croissance de la plantule (**JEAM et al., 1998**).

2. Morphologie et physiologie de la germination :

2.1. Morphologie de la graine :

La graine s'imbibe d'eau et se gonfle, le tégument se fend et la radicule émerge et s'oriente vers le milieu (sol) selon un géotropisme (gravitropisme) positif. Puis, la tigelle émerge et s'allonge vers le haut (le ciel). Les téguments de la graine se dessèchent et tombent (**MEYER et al., 2004**).

2.2 Physiologie de la germination :

Au cours de la germination, la graine se réhydrate et consomme de l'oxygène pour oxyder ses réserves en vue d'acquérir l'émerge nécessaire. La perméabilité du tégument et le contact avec les particules du sol conditionnent l'imbibition et la pénétration de l'oxygène. Les réserves de toute nature sont digérées (**MICHEL ,1997**).

3. Condition de la germination :

3.1. Condition internes de la germination :

Les conditions internes de la germination concernent la graine elle-même, qu'elle doit être vivante, mure, apte à germer (non dormante) et saine (**JEAM et al., 1998**).

3.2. Condition externes de la germination :

La graine exige la réunion de conditions extérieures favorables à savoir l'eau, l'oxygène, et la température (**SOLTNER, 2007**)

3.2.1. L'eau :

LA GERMINATION

Selon **CHAUSSAT et al.**, (1975), La germination exige obligatoirement de l'eau, celle-ci doit être apportée à l'état liquide. Elle pénètre par capillarité dans les enveloppes. Elle est remise en solution dans les réserves de la graine, pour être utilisée par l'embryon, et provoque le gonflement de leurs cellules, donc leur division (**SOLTNER, 2007**).

3.2.2. L'oxygène :

La germination exige obligatoirement de l'oxygène (**SOLTNER, 2007**). Selon **MAZLIAK** (1982), une faible quantité d'oxygène peut être suffisante pour permettre la germination. D'après **MEYER et al.**, (2004), l'oxygène est contrôlé par les enveloppes qui constituent une barrière, mais en même temps une réserve.

3.2.3. La température :

La température a deux actions : Soit directe par l'augmentation de vitesse des réactions biochimiques, c'est la raison pour la quelle il suffit d'élever la température de quelques degrés pour stimuler la germination (**MAZLIAK, 1982**), soit indirect par l'effet sur la solubilité de l'oxygène dans l'embryon (**CHAUSSAT et al., 1975**).

4. Types de germination :

4.1. Germination épigée :

La graine est soulevée hors du sol car il y a un accroissement rapide de la tigelle qui donne l'axe hypocotyl qui soulève les deux cotylédons hors du sol. La gemmule se développe (après la radicule) et donne une tige feuillée au-dessus des deux cotylédons. Le premier entre-nœud donne l'épicotyl. Les premières feuilles, au dessus des cotylédons sont les feuilles primordiales (**AMMARI, 2011**).

4.2. Germination hypogée

La graine reste dans le sol, la tigelle ne se développe pas et les cotylédons restent dans le sol (AMMARI, 2011).

5. Différent obstacles de la germination :

Ce sont tous des phénomènes qui empêchent la germination d'un embryon non dormant (ce qui donne naissance à la nouvelle plante et constitue la partie vivante et active de la semence) placé dans des conditions convenables (**MAZLIAK ,1982**).

L'inaptitude à la germination de certaines graines peut être d'origine tégumentaire, et/ou embryonnaire due à des substances chimiques associées aux graines, ou à une dormance complexe (**BENSAID, 1985**).

Des graines qui ne germent pas, quelles que soient les conditions de milieu, sont des graines dites « dormantes », et leur dormance peut concerner soit les téguments, on parle alors plutôt d'inhibitions tégumentaires, soit l'embryon, on parle alors de dormance au sens strict, soit les deux à la fois (**SOLTNER, 2001**).

5.1. Dormance embryonnaire :

Dans ce cas les inaptitudes à la germination résident dans l'embryon et constituent les véritables dormances. L'embryon peut être dormant au moment de la récolte des semences on appelle « dormance primaire ». Dans d'autre cas, l'embryon est capable de germer mais il perd cette aptitude sous l'influence de divers facteurs défavorables à la germination on parle alors de « dormance secondaire » (**CHAUSSAT et *al.*, 1975**)

5.2. Inhibitions tégumentaires :

Les dormances tégumentaires peuvent provenir : d'une imperméabilité à l'eau ou à l'oxygène ou aux deux, c'est le cas des « graines dures » (**SOLTNER, 2001**).

La levée de l''inhibition tégumentaire des graines constitue un facteur adaptatif important pour la survie de l'espèce, puisqu'elle permet le maintien d'un stock de graine et leurs viabilité dans le sol.

D'après **MAZLAIK** (1982), les inhibitions tégumentaires peuvent être facilement définies par: les semences ont des enveloppes ;

• Totalement imperméable à l'eau.

• Les enveloppes séminales ne sont pas suffisamment perméables à l'oxygène. Des enveloppes trop résistants pour que l'embryon puisse les rompre.

5.3. Inhibitions chimiques

Les inhibitions chimiques sont certainement plus rares dans les conditions naturelles. Leurs nature exacte reste généralement inconnue, car elles n'ont pas souvent été isolées (**MAZLIAK ,1982**)

6. La germination des noix de l'arganier :

Les noix d'arganier germent mieux dans un sol à pH acide à neutre (2-7), les pH alcalins sont limitant pour la germination. Aussi le prétraitement par l'acide chlorhydrique facilite la germination des noix. Ces recommandations sont le résultat d'une étude faite par **EL MAZZOUDI et ERRAFIA en 1977.**

Selon **GUEDIRA** (1981) à des températures comprises entre 13°C et 40°C, les noix germent à 100 %. Le temps moyen de germination diminue avec l'augmentation de la température pour atteindre 6 jours à 30°C.

MAZLIAK (1982) a montré que la scarification mécanique permet de créer des lésions dans les enveloppes tégumentaires qui deviennent plus perméables à l'eau ce qui favorise l'imbibition et l'oxygénation de l'embryon, ce qui conduit à l'élimination de la dormance tégumentaire et le déclenchement du processus physiologique de la germination.

En (1987) **THIERRY** a étudié l'influence du testa sur la germination de la graine. Il a constaté que le tégument ligneux, bien qu'il soit suffisamment perméable à l'eau, entraîne un retard de la germination et affecte le pouvoir germinatif des graines. Il a également remarqué que dans les conditions du laboratoire, les embryons issus des graines rondes ont montré un pourcentage de germination plus faible que celui obtenu avec des embryons issus des graines longues et intermédiaires. Selon cet auteur, ce sont les graines intermédiaires qui constituent un excellent matériel pour une multiplication générative à grande échelle.

LOUTFI (1994) a rapporté que les noix de forme arrondie ou de poids élevé (3 - 3,5 g) présentent un taux de germination plus important que celui engendré par les graines fusiformes ou légères. Elle a, également, mentionné que la maturité physiologique du fruit n'est probablement atteinte qu'en période chaude, ce qui explique le fait que les graines de l'hiver germent moins que celles récoltées en été. La stratification des graines sur sable et litière ou à l'étuve (40°C) a permis d'augmenter la vitesse et la capacité de germination.

Selon **NOUAIM (1994),** la stratification et le prétraitement chimique des graines ne sont pas nécessaires pour favoriser la germination des graines d'arganier. Un pré trempage de 4 jours dans l'eau serait suffisant pour obtenir un bon pourcentage de germination. L'emploi de graines de l'année de poids élevé aboutit à un pourcentage de germination supérieur à 80 %. **MEKROUN**

(1995), confirme que le pourcentage de germination engendré suite à l'utilisation de la technique évoquée par Nouaim dépasse 80 %, mais, le taux de survie des plantules lors de la transplantation est trop faible et que les causes de cet échec demeure inconnues avec précision.

Dans ce travail il y'a deux objectif fixé :

- ✓ D'étudier l'effet de deux traitements; physique et chimique avec deux types de solution sur le taux de la germination des graines d'*Argania spinosa*. L'eau est utilisée comme un traitement physique, et l'acide sulfurique et l'eau oxygénée comme un traitement chimique.
- ✓ *la dé*termination une technique simple non coûteuse (prétraitement) pour assurer une germination satisfaisante ou obtenir une germination plus régulière dans le minimum de temps et le maximum de proportion.

1. MATERIEL VEGETAL :

Les graines ont été récoltés pendant le mois juillet 2012 et 2013 à partir de3 stations au sud ouest algérien (tewaraf 104 km Tindouf – Oued Bouyadhine; Oued EL-Ma ; Oued EL-Gahouene ; Oued Merkala)

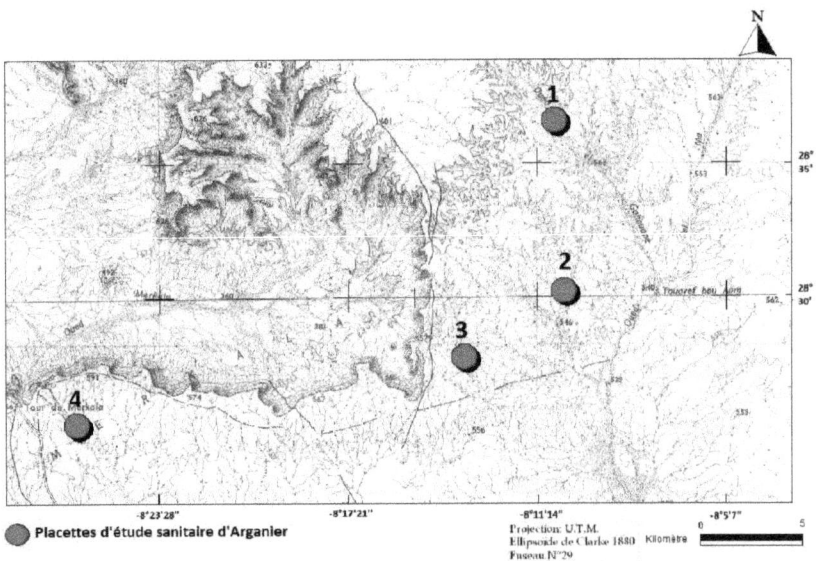

Figure 07 : Carte de localisation des placettes d'étude : **1-** Oued EL-Ma ; **2-** Oued Bouyadhine ; **3-** Oued EL-Gahouene ; **4-** Oued Merkala. La lecture de la figure ci-dessus montre que toutes les placettes choisies pour la réalisation de ce travail ont été installées dans les oueds peuplés par *Argania spinosa* dans la région de Tindouf. Il s'agit de 'Oued El-Maa' avec 2897 arbres, 'Oued Bouyadhine' avec 1315 arbres, 'Oued El Gahouene' avec 505 sujets et 'Oued Merkala' 240 arbres (**DGF, en cours**).

A la maturité complète ; les graines chutent à ce moment là ; nous précédent ou ramassage et a leur étalement au sol dans un endroit ensoleille pour leur desséchement au bout d'une vingtaine des jours ; la membrane externe devenant sèche et enlevé pour obtenir la graine

Photo 06 : triage des graines d'arganier

2. MATERIEL EXPERIMENTAL:

Les essaies expérimental sur la germination des graines d'arganier au laboratoire nécessite :

- Becher (250ml).
- boite pétri en verre.
- Cristallisateur.
- Spatule.
- L'eau distille.

Photo 07 : produits et matériels utilisé

- coton.
- une étuve dotée d'un thermostat assurant la stabilité thermique convenable (0 ,05 C).

Photo 08 : une étuve dotée d'un thermostat

- Acide sulfurique .

Photo 09 : Acide sulfurique à 98 %.

- L'eau oxygénée.
- Hôte

Photo 10 : l'hôte

METHODOLOGIE DE TRAVAILE

2.1 Présentation de la serre :

Nous avons utilisé un tunnel en plastique avec une dimension suivant :

L = 30 m ; l = 8 m ; H= 2,5 m. la structure est en fer rond a béton de diamètre 16 ;

Le plastique utilisé pour la couverture présent les caractéristiques suivant :

- Couleur : jaune claire
- Densité : 0,8
- Capacité à la radiation solaire.
- Gain de nuit : moyen
- Perméabilité à la radiation solaire de grandes ondes
- Réduction des échanges d'air entre serre et atmosphère

L'aération du tunnel était faite par des ouvertures latérales.

2.2 LES ESSAIES :

2.2.1 Méthodes de l'eau (chaude + ordinaire) :

Notre essaie consiste a comparée deux traitement de la germination de graines trempée de l'eau chaude pendant une durée de 24 heures et en changent l'eau au temps, par l'eau propre pendant 5 jours.

Un traitement de germination de la graines trempée a l'eau ordinaire pendant une durée de 4 mois (11 juin 2013 – 3 novembre 2013) avec changement de l'eau 3 fois de cette durée.

Cette essaie faite sur une Quantité de graines de 145 graines d'arganier Spinoza dont 40 graines traités a l'eau chaude, et 105 graines a l'eau ordinaire.

Photo 11 : l'essaie à l'eau ordinaire

2.2.2 Méthodes de l'Acide sulfurique:

Immerger les graines complètement dans l'acide sulfurique non dilué pendant 2 heures ; 4 heures ; 24heures ; 48 heures ; 72heures. - Retirer les semences de l'acide. Les laver immédiatement à fond dans un courant d'eau fraîche pendant 5 à 10 minutes pour éliminer toute trace d'acide avec l'utilisation de tamis résistants à l'acide.

-2 eme lavage avec l'eau distillée et déposés les graines sur le coton, dans des boites de Pétri.

-Enfin, les boites sont mises à germer dans l'incubateur à température de 30°C pendant 7 jours.

Photo 12 : traitement a acide sulfurique

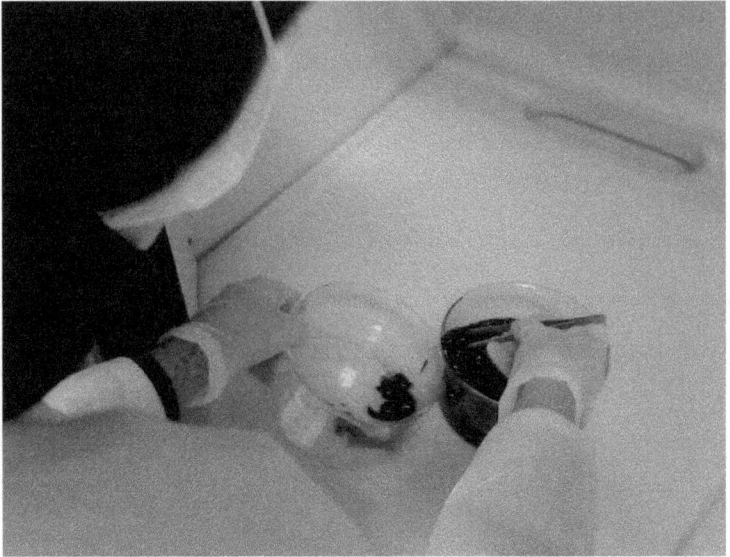

Photo 13 : Enlèvement des graines traite à acide sulfurique

Photo 14 : les graines après le traitement à acide sulfurique

Photo 15 : Rinçage avec l'eau potable

Photo 16 :la disposition des graines a boite pétré

Photo 17 : la disposition à étuve (Acide sulfurique)

2.2.3 Méthodes de l'eau Oxygénée :

➢ Immerger les 20 graines complètement dans l'eau oxygénée pendant 2 heures. Retirer les semences de l'eau oxygénée. Les laver immédiatement à fond dans un courant d'eau fraîche. -2 eme lavage avec l'eau distillée et déposés les graines sur le coton, dans des boites de Pétri.
   -Enfin, les boites sont mises à germer dans étuve à température de 30°C pendant 7 jours.
➢ Immerger 20 graines complètement dans l'eau distillé 200 ml pendant 4 jours. Retirer les semences de l'eau distillée et on le traité au l'eau oxygène pendant 2 heures. Les laver immédiatement à fond dans un courant d'eau fraîche. -2 eme lavage avec l'eau distillée et déposés les graines sur le coton, dans des boites de Pétri.
   -Enfin, les boites sont mises à germer dans étuve à température de 30°C pendant 7 jours.

Photo 18 : la disposition à étuve (Eau Oxygénée)

2.3 Le mélange :

Le substrat est un mélange de terre, terreau et du sable.

- 1/5 de terre végétale prise à côté de la pépinière de bel-Hendjir avec une bonne préparation (émiettée et tamisée).

- 2/5 de terreau recueilli dans la forêt à proximité de la station.

- 2/5 de sable fin ; son rôle est de faciliter la circulation de l'eau dans le substrat et en même temps permettre une bonne croissance des racines.

2.4 Période de remplissage :

- Nous avons fait le remplissage durant les mois décembre.

2.4.1 Date et techniques de semis :

Le semis a été fait le 06 décembre 2013.Les graines sont semées en nombre d'une graine par conteneur en position verticale ou horizontale puis on a mis délicatement une fine couche de terreau à une profondeur égale à une à trois fois le diamètre de la graine. A cette profondeur une humidité adéquate et une température ambiante favorisent leur germination.

2.5 Irrigation :

L'arrosage de semis se fait à l'aide d'un arrosoir de jardinier de la pépinière.

2.6 Désherbage :

- On applique cette technique en pépinière pour éviter toute concurrence entre le plant et les mauvaises herbes.

2.7 Mensuration :

2.7.1 Taux de germination :

- C'est la cinétique d'évolution de la germination, obtenu dans les conditions choisies par l'expérimentateur, il dépend des conditions de la germination et des traitements subis par la semence (BELKHOUDJA et BIDAI, (2004), in MOLAY 2010).

- c'est le nombre de graines germées par rapport au nombre total de graines semées, exprimé en pourcentage.

$$T.G = \frac{Nombre\, de\, graines\, germées}{Nombre\, de\, graines\, semées} \times 100 = \frac{Ni}{Nt} \times 100$$

2.7.2 Délai de germination :

Correspond à l'intervalle de temps compris entre le jour de semis et la datte de germination de la première graine (BELKHODJA et BIDAI, (1999), in MOLAY 2012).

RESULTAT ET DISCUSSION

1. **RESULTAT ET DISCUTION** :

Nous constatons après trois mois de semis que le taux de germination des graines traitées à l'eau chaude est atteint 7,5 % et 2 % pour les graines traitées à l'eau ordinaire. Par ailleurs, le taux de germination des graines traitées à acide sulfurique et l'eau Oxygénée est nul.

En quatrième mois le taux de germination est atteint 25 % pour les graines trempé à l'eau chaude et 13,5 % pour les graines traitées à l'eau ordinaire et pour le taux de germination des graines traitées à l'eau Oxygénée (2 méthodes) sont atteint 10 %. Toujours pour le taux de germination des graines traitées à acide sulfurique est 0 %.

Après le cinquième mois de suivi, le taux de germination est atteint son rapport le plus élevé soit 70 % pour les graines trempées à l'eau chaud et 28,9 % pour les graines trempé à l'eau ordinaire. Toujours pour le taux de germination des graines traitées à acide sulfurique est 0 %. Le taux de germination est atteint 20 % pour les graines trempé à l'eau distille + l'eau oxygénée et 50 % pour les graines trempé directement a l'eau oxygénée.

Cette évolution de germination de troisième mois vers le quatrième est représentée par 18 % pour les graines trempées à l'eau chaude, 11,5 % pour les graines trempées à l'eau ordinaire ; 10 % pour les graines trempées à l'eau Oxygénée (2 méthodes).

En quatrième mois vers le cinquième mois, l'augmentation est équivalente à 45 % pour les graines trempées à l'eau chaude, 17 % pour les graines trempé l'eau ordinaire ; 10 % pour les graines trempé à l'eau distille + l'eau oxygénée et 40 % pour les graines trempé directement a l'eau oxygénée. 0 % pour les graines traitées à acide sulfurique.

	Traitement a l'eau chaude		Traitement a l'eau ordinaire		Traitement a Acide sulfurique		Traitement a l'eau distille + l'eau oxygénée		Traitement a l'eau oxygénée	
	Nb de graines germé	Taux de germination	Nb de graines germé	Taux de germinatio n	Nb de graines germé	Taux de germination	Nb de graines germé	Taux de germination	Nb de graines germé	Taux de germinati n
Février	03	7,5 %	02	1,9%	00	0%	00	0%	00	0%
Mars	07	17,5%	12	11,5%	00	0%	01	10%	01	10%
Avril	18	45%	16	15,5%	00	0%	01	10%	04	40%
Totale	28	70%	30	28,9%	00	0%	02	20%	05	50%

Tableau n° 1 : Le taux de germination de graines d'*Argania Spinosa* semée.

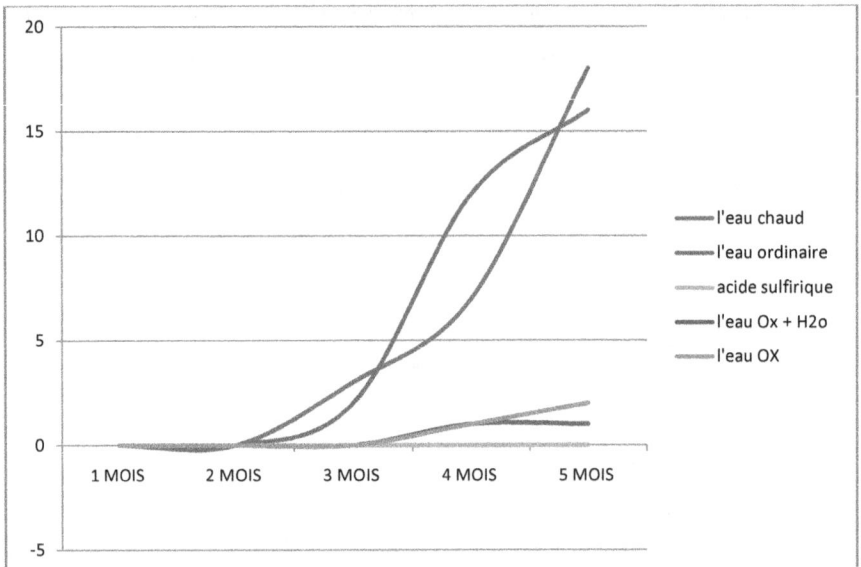

Figure 08 : courbe des germinations des tout les essaie / temps

RESULTAT ET DISCUSSION

D'après ces résultats, nous constatons que la proportion de germination des graines traitées à l'eau chaude est plus élevée par rapport à des graines traitées à l'eau ordinaire et aux graines traitées à acide sulfurique et l'eau Oxygénée (2 méthodes).

On peut déduire que les graines trempées à l'eau ordinaire et celles semées sans trempage ont une certaine difficulté à germer durant les trois premier mois; mais nous avons marqué que les graines trempées à l'eau chaude peuvent facilement germer après les trois mois de semences. ,

le traitement des graines à l'eau chaude élimine la dormance par l'augmentation le taux de germination avec une proportion très élevée dans une courte durée 70 %.

En effet, l'eau chaude favorise une grande proportion de germination des graines.

Le choc thermique ainsi crée provoque une fissuration sur les téguments et ensuite le ramollissement de l'enveloppe permettent l'infiltration de l'eau à l'intérieur de la graine qui favorise l'absorption d'eau en quantité suffisante par les tissus vivants; et en même temps élimine l'inhibition de la germination par la diffusion de l'oxygène vers l'embryon.

En parallèle ; pas de germination pour acide sulfurique parce que il tue l'embryon.

Le traitement par l'eau oxygénée a amélioré la germination. Il permet à l'embryon de disposé d'une plus grande quantité d'oxygène (COME, 1970). De plus, c'est un désinfectant, elle nettoie les téguments les rendant ainsi plus perméable à l'eau et à l'oxygène.

2. CONCLUSION :

La graine d'Arganier présente des téguments très durs engendrant des problèmes d'inhibitions à la germination. Certains traitements peuvent être utilisés pour éliminer efficacement l'inhibition tégumentaire. L'eau Chaude et l'eau oxygénée semblent être les meilleurs traitements pour y arriver ; en effet, un prétraitement à l'eau oxygénée permet d'obtenir jusqu'à 80 % de graines éclatées.

CONCLUSION

1. CONCLUSION GENERALE :

L'arganier, est le seul représentant au Maroc et en Algérie de la famille tropicale des Sapotaceae. Cette caractéristique de la zone saharo-steppique, se rencontre au Nord de Hamada de Drâa de Tindouf (**CHEVALLIER, 1943, CAPOTREY, 1952**), où elle occupe les lits d'Oueds et les ravins (**AUFRERERE, 1983**). Grâce à ses propriétés écologiques et physiologiques, Argania spinosa est l'une des espèces végétales les plus adaptées aux région aride et semis aride où elle joue un rôle écologique très important pour la lutte contre la désertification dans l'écosystèmes des zones arides et semis arides par la fertilité et la restauration des sols d'apports. A l'arganier est inféodée une végétation herbacée, qui contribue à la stabilisation des cours d'eau dans les bordures des Oueds et assure un habitat pour la faune sauvage.

L'arganier est un arbre oléagineux, à multi-usages dont chaque partie ou produit de l'arbre (bois, feuilles, fruits, huile) est utilisable et constitue une source de revenus ou de nourriture pour l'usager (NOUAIM, 1995). Malgré tout ces intérêts on assiste ces dernières années à une régression alarmante de cette espèce, due principalement à un déséquilibre écologique d'origine anthropique (humain), (**NOUAIM et al, 1991**).

L'Arganeraie algérienne doit être considérée comme un monument naturel inédit à l'échelle nationale et également à l'échelle régionale et internationale, seuls deux pays du grand territoire que constituent les zones arides recèlent cette ressources, déclarée comme patrimoine mondial de l'Humanité, à savoir : l'Algérie et le Maroc (**BENKHEIRA, 2009**).

Pour enrayer et inverser le processus de dégradation croissante de l'arganeraie algérienne et pour tirer le maximum de profit de cette ressource naturelle, on est obligé à envisager la conservation de cette arganeraie en vue de favoriser une remontée biologique au niveau local et assure une bonne extension de l'espèce dans le territoire national afin d'augmenter la production de cette ressource.

Dans le présent travail nous nous somme intéressés à la germination des graines d'arganier a des différents méthodes (eau chaud, eau ordinaire, l'Acide Sulfurique ; l'eau distille +l'eau Oxygénée et l'eau oxygénée directe).

Nous constatons que la graine d'Arganier présente des téguments très durs engendrant des problèmes d'inhibitions à la germination. Certains traitements peuvent être utilisés pour éliminer efficacement l'inhibition tégumentaire. L'eau Chaude et l'eau oxygénée semblent être les meilleurs traitements pour y arriver ; en effet, un prétraitement à l'eau oxygénée et l'eau chaud permet facilite l'éclatement des noix et l'accès d'oxygène à embryon. On peut d'obtenir jusqu'à 80 % de graines éclatées.

Acide sulfurique tue l'embryon.

RECHERCHE BIBIOGRAPHIQUE

1.   **Aka koutoua M.,** 2006 . Analyse Ecologique, Phytosociologique et évaluation des bilans des plantations à arganier (Argania spinosa) en vue de la régénération et de la réhabilitation de ses écosystèmes naturels (Région d'Agadir, Taroudant et Tiznit, DREF/SO, Maroc). Mémoire de 3ème cycle, ENFI.Salé, Maroc, 113p + Annexes.

2.   **Alexandre S.,** 1985. La forêt circumméditerranéenne et ses problèmes, techniques agricoles et productions méditerranéennes; G.P. Maisonneuve & Larose., 135p.

3.   **AMMARI S., 2011-** Contribution à l'étude de gémination des graines des plantes sahariennes broutées par le dromadaire, 46p.

4.   **Bamouh A .,** 2009. Le marché de l'huile d'argan et son impact sur les ménages et la forêt dans la région d'Essaouira. Bulletin mensuel d'information et de liaison du PNTTA, 95 : 4p.

5.   **Baumer M ., Zeraïa L .,** 1999. La plus continentale des stations de l'arganier en Afrique du Nord. *rev. for. fr.* 3 : 446 - 452.

6.   **BENABID A., 1986-** Grand écosystèmes naturels Marocains, équilibre de fonctionnement, perturbation, préservation et restauration : 117-190 in Grande Encyclopédie du Maroc, Vol. Flore et Végétation, Rabat.

7.   **BENABID A., 2000** – Flore et Ecosystèmes du Maroc. Ed Ibis Press Paris. 335p.

8.   **Benchekroun F., Buttoud G.,** 1989. L'arganeraie dans l'économie rurale du sud-ouest marocain. *Forêt méditerranéen* t. XI, n ° 2 : 127-136.

9.   **BENDAANOUN M., 1994** - Etude de la végétation (Analyse des facteurs écologiques, phytoécologiques et phytosociologiques et cartographie des groupements végétaux) de la Commune Rurale d' Ida ou Tghouma (Province d'Essaouira). AEFCS/ABOULKASSIM S.A. 37p + 2 cartes

10.   **BENSAID S., 1985-** Contribution à la connaissance des espèces arborescentes, germe et croissance d'*Acacia raddiana*, thèse de magister. Ed institut national agronomique (I.N.A) Elmarrache Algérie, 70p.

11.   **BENZYANE M., 1995** - Rôle socio-économique et environnemental de l'arganier.htm.

12.   **BOUDY P., 1952-** Guide forestier en Afrique du Nord, Maison Rustique, Paris : 185-194

13.   BOUDY, P. (1950). *Economie forestière nord-africaine (monographies et traitements des essences forestières)*, Tome II (1), *Larose.* pp : 382-416.

14.   **BRAUM-BLANQUETJ. et MAIRE R., 1924-**Etude   sur la végétation et la flore marocaine, Mém. Soc. Sc.Nat. Maroc, 8 : 1-239,I.S.C., Rabat

15.   **CHAUSSAT R ., LEDEUNFF Y ., 1975-** La germination des semences .Ed. Bordars,

16.   **CHEVALIER A.,** 1943 :*L'argan, les marmulanos et les noyers, arbre d'avenir en Afriqe du Nord, en Marocaine et dans les régions désertiques du globe si on les améliore, Rev.Bot. Appl. Agric.* Trop. Pp: 165-168 et 363-364.

17.   **DEYSSON G., 1967-** Physiologie et biologie des plantes vasculaires, croissance, production, écologie, physiologie. Ed Société d'édition déneigement supérieur. Paris, 335p

18.   **DGF .,** (en cours). Diagnostic écologique de l'arganeraie de Tindouf et proposition de classement en aire protégée, diagnostic écologique, phase III, 45p.

19.   **EL ABOUDI A., 1990-** Typologie des arganeraies inframéditerranéennes et écophysiologie de l'arganier dans le Souss (Maroc). Thèse de Doctorat en Sciences. Univ. Joseph Fourrier. Grenoble I., 133p.

20.   **EMBERGER L., 1924-** A propos de la distribution géographique de l'arganier. *Bull.Soc. Sci. Nat.* Maroc, 4 (7) : 151-153.

21. **EMBERGER L., 1939-** Aperçu général sur la végétation du Maroc. Commentaire de la carte phytosociologique du Maroc au 1/500000, *Veröff.Geobot. Inst. Rübel in Zürich (14) et Mém. h. s. Soc. Sc. Nat. Maroc*, 40-157, I.S.C., Rabat.

22. **EMBERGER, L. (1960). *Traité de botanique systématique. Les végétaux vasculaires*, Tome II, 852-855, Masson, Paris.**

23. **Errouati A.,** 2005. Problématique de la régénération assistée et des reboisements à base d'*Argania spinosa* dans la région du massif forestier d'Amsitten (Province d'Essaouira). Mémoire de 3ème Cycle, ENFI, Salé, Maroc, 42 p +Annexes

24. **GHANEM H. ,1974-** Monographie pédologique de la plaine du Souss. Direct. Rech. Agro. Rabat, Maroc, 5 volumes.

25. **HAMIANI M. et BELAROUG I.,** 2003. *Contribution à l'étude de la multiplication végétative in vitro de l'arganier : Argania spinosa (L.) Skeels*, Mem. Ing. Dep. Biotech. Fac. Science, Univ. U.S.T.O., Oran, 47p.

26. HARROUNI, M.C. ZAHRI, S. EL HEMAID, A. (1995). Transplantation des jeunes plantules d'arganier : effets combinés de techniques culturales et du stress hydrique. Colloque International sur la forêt face à la désertification « cas des arganeraies », Agadir, 26-28 octobre 1995, 115-133.

27. **JEAM P ., CATMRINE T., GIUES L., 1998 -** Biologie des plantes cultivées. Ed. L'Arpers, Paris, 150p.

28. **Kechairi R .,** 2009. Contribution à l'étude écologique de l'Arganier *Argania spinosa* (L.) Skeels, dans la région de Tindouf (Algérie). Mémoire de magister , université des sciences et de la technologie «houari boumediene » , 76p.

29. **Kechairi R., et Lakhdari I.,** 2002. Contribution à l'étude de l'arganier *Argania spinosa* (L.) Skeels. Essais de multiplication par semis au laboratoire Mascara. Mémoire d'Ingénieur d'état en Biologie, Option écologie végétale, centre universitaire de Mascara, 67p.

30. **Kenny L.,** 2007. Atlas de l'arganier. Institut agronomique et vétérinaire Hassan, II, 41 -49.

31. **M'HIRIT O., EL YOUSFI S.M., BENZYANE M., BENCHEKROUN F. & BENDAANOUN M., 1998 -** L'arganier : une espèce fruitière forestière à usage multiple. MARDAGA, 145p.

32. **Mangin G.,** 1990. La culture *in vitro* de l'arganier. Unité pré développement in vitro, I.N.R.A.

33. **MEYER S., REEB C., BOSDEVEIX R., 2004-** Botanique, biologie et physiologie végétale .Ed. Moline, Paris, 461p.

34. **MICHEL V., 1997-**La production végétale, les composantes de la production. Ed. Danger, Paris, 478p

35. **MILAGH.M.** 2007. L'arbre vert du désert menacé. *El Watan :* Jeudi 23 août 2007 p21. **MORAND-FEHR, R.**1981 .les lipides dans les aliments concentrés pour ruminants : *in prévision de la valeur nutritive des aliments des ruminants*. Ed. INRA publications, Versailles. Pp: 297-305.

36. **Miloudi A.,** 2006. Les réponses physiologiques et biochimiques de l'arganier (*Argania Spinosa* (L.)Skeels) aux facteurs abiotiques naturels. Thèse de Doctorat, Institut de Biologie, Université d'Oran (Es – Sénia), 100p.

37. **Mokhtari M.,** 2002. Production rapide de plants d'arganier Aptes à la

38. **MONNIER Y., 1965 -** Les problèmes actuels de l'arganeraie marocaine. Revue Forestière Française, 17, pp 750-767.

39.   **MSANDA F., 1993-** Ecologie et Cartographie des groupements végétaux d'Anzi (Anti-Atlas occidental, Maroc) et contribution à l'étude de la diversité génétique de l'arganier (Argania spinosa (L.)Skeels). Thèse de Doct.Univ.de Grenoble I., 160p.

40.   **MSANDA F., EL ABOUDI A. et PELITIER JP.,** 2005. *Biodiversité et biogéographie de l'arganeraie marocaine, Rev.* Cahiers Agricultures vol. 14, n° 4, juillet-août 2005, Maroc, 358 p.

41.   **NOUAIM (R.) 1991.** La biologie de l'Arganier. In : Colloque International "L'Arganier, recherches et perspectives", Agadir (Maroc) 11-15/03/91.

42.   **Nouaim R., Chaussod R.,** 1994 - Mycorrhizal dependency of two clones of micropropagated Argan tree (*Argania spinosa*) Growth and biomass production, *Agroforestry Systems,* (27): 53-65.

43.   paris, 232p.

44.   **PELTIER J.P., CARLIER A., EL ABOUDI A. et DOUCHE B., 1992** – Evolution journalière de l'état hydrique des feuilles d'arganier sous bioclimat aride à forte influence océanique (plaine du Souss, Maroc). Acta Olecologica, 11(5) :643-668

45.   **PELTIER J. P., 1982-** La végétation du bassin versant de l'oued Souss (Maroc). Thèse Doct. Es-Sciences. Univ. Grenoble. 201p. + annexes

46.   **PELTIER J.P., CARLIER A. & EL ABOUDI A., 1990 -** Evaluation journalière de l'état hydrique des feuilles d'arganier (Argania spinosa (L.) Skeels) sous bioclimat aride à forte influence océanique (plaine de Souss, Maroc). Acta Oecologica, 11 (5) : 643-668.

47.   **RIEUF P., 1962 -** Les Champignons de l'arganier. Les Cahiers de la Recherche Agronomique, INRA, Rabat, n°15, pp.8-25

48.   **SAUVAGE Ch., 1963-** le coefficient pluviothermique d'Emberger, sa signification et son utilisation au Maroc. C. R. Soc. Sci. Nat. Phys. Du Maroc, 5-6, pp : 101-102, I.S.C., Rabat

49.   **SOLTNER D., 2001-** Les bases de la production végétale. Tome III la plante et son amélioration, 3eme édition Paris, 189p.

50.   **SOLTNER D., 2007-**Les bases de la production végétale tome III, la plante. Ed. Collection sciences et technique agricole Paris, 304p.

51.   Transplantation. Laboratoire d'écophysiologie végétale, Institut agronomique et vétérinaire Hassan II, Agadir. Bull. d'information et de liaison du PNTTA, n° 95. 4p.

52.   **WATTEUW R., 1964-** Les sols de la plaine de Souss et leur répartition schématique au 1/500.000. Al Awamia10.pp :141-185

53.   **WATTIER R., 1917 -** «Note sur l'arganier du Maroc». Exposition coloniale Internationale, Paris 1931.57 p.

Web graphie :

❖   Réf.elc.1 : http://www.vitaminedz.com/fr.
❖   Réf.elc.2 http://www.wikipédia.com

TABLE DES MATIERES

CHAPITRE VI : RESULTAT ET DISCUSSION

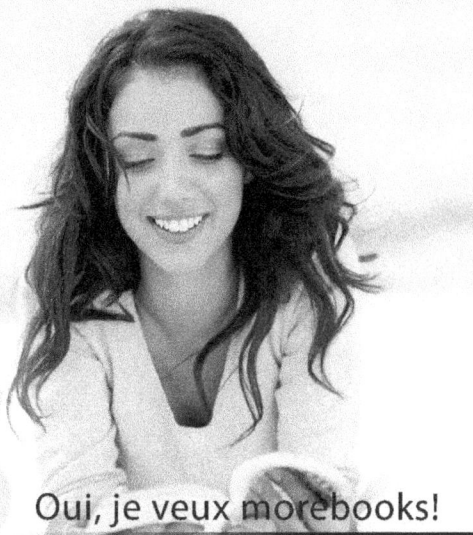

www.ingramcontent.com/pod-product-compliance
Lightning Source LLC
Chambersburg PA
CBHW020317220326
41598CB00017BA/1595